なぜ？から調べる
ごみと環境

③

清掃工場

監修 森口祐一
東京大学教授

この本を読むみなさんへ

みなさんの中には、何かのきっかけで、ごみについてもっと知りたいと思い、

この本に出会った人もいるかもしれません。

多くのみなさんは、社会科でごみについて学ぶことになり、

この本に出会ったことと思います。

「社会」は、人びとが集まって生活することでつくられます。

毎日の生活でさまざまなものが使われ、やがていらなくなって、ごみになります。

ごみを捨ててしまえば、自分の身の周りはきれいになりますが、

環境をきれいに保つためには、

ごみの行く先でも、さまざまな工夫が必要です。

暮らしやすい社会をつくるためには、

ふだんみなさんの目にはふれないところでどんなことが行われているかを知り、

自分で何かできることがないかを学ぶことが大切です。

ごみは社会の姿を映す鏡のようなものです。

ごみについて学ぶことで、

一人ひとりの生活と社会との関わりに気づくことにもなるでしょう。

第3巻

「清掃工場」では、集められたごみがどのように処理されているかを学びます。

江戸時代からごみを集めて決まった場所に埋めるしくみがつくられていましたが、

今日では、ごみのほとんどは直接うめるのではなく、

清掃工場で環境をよごさない工夫をしたうえで燃やされています。

燃え残った灰がどこへ行くのかもふくめ、集められたごみのゆくえを追いかけます。

社会見学などで清掃工場の見学のチャンスがあるといいですね。

森口祐一

東京大学大学院工学系研究科都市工学専攻教授。国立環境研究所理事。専門は環境システム学・都市環境工学。主な公職として、日本学術会議連携会員、中央環境審議会臨時委員、日本LCA学会会長。

3 清掃工場

1章

ごみの処理はどんなふうに進められているの？

2章
清掃工場での
ごみ処理の流れを調査！

3章
清掃工場の取り組みを
見てみよう

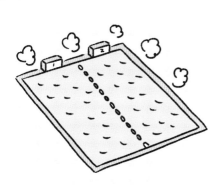

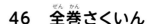

この本の使い方 ··················

この本に登場するキャラクター

探偵ダン

ごみの山から生まれた探偵。ごみと環境の課題の解決に向けて、日々ごみの調査をしている。

調査員クロ

探偵ダンの助手。ダンが気になった疑問を一生懸命調査してくれる努力家。

調査員トラ

ごみのことにくわしいもの知りのネコ。ダンにいろいろな情報をアドバイスしてくれる。

この本の使い方

1章 ごみにまつわる写真を載せているよ。写真を見ながら、ごみが環境にあたえる影響について考えてみよう。

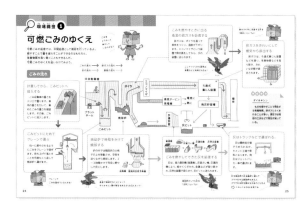

2章 ごみのゆくえを、イラストで解説しているよ。どんな流れでごみが処理されるのか見てみよう。

3章 ごみについての取り組みや対策を紹介しているよ。実際に行われている取り組みを調べて、環境のために自分たちができることを考えてみよう。

1章

ごみの処理は
どんなふうに
進められているの？

ごみは、回収して処理されれば
大丈夫なのかな？
写真を見ながら、ごみの処理と
環境の関係について考えてみよう！

ごみ収集車などで集められたごみをためておく、清掃工場内のごみピットのようす。ごみピットに集められたごみはクレーンで運び出される。（2015年9月。東京都町田市。町田リサイクル文化センター）

ぎもん 2

なぜ、ごみの処理にお金がかかるの？

ぎもん 3

清掃工場でごみを燃やすとどのくらいの二酸化炭素が出るの？

ぎもん 1

集められたごみは、どうやって処理されるの？

ごみには、可燃ごみ（燃やせるごみ）、不燃ごみ（燃やせないごみ）のほかに、粗大ごみ、資源ごみ、危険物があるよ。種類によって処理の方法が変わるよ。

可燃ごみ、不燃ごみ、粗大ごみなどに分けて、それぞれの工場で処理！ ⇨ 分別は 1巻 を見てね

ごみの処理は自治体ごとに、「分別収集」「中間処理」「最終処分」の順で行われています。

ごみは種類によって処理方法がちがうため、可燃ごみと不燃ごみ、粗大ごみ、資源として生かせる資源ごみ、処理に注意が必要な危険物などに分けて収集しています。

集められたごみは、清掃工場や処理センターなどの施設に運ばれ、焼却や破さいなどの中間処理をします。焼却された後に残る灰の一部や、破さいされた粗大ごみなどは、最終処分場に送られます。

● 分別収集されたごみのゆくえ（家庭ごみの場合）

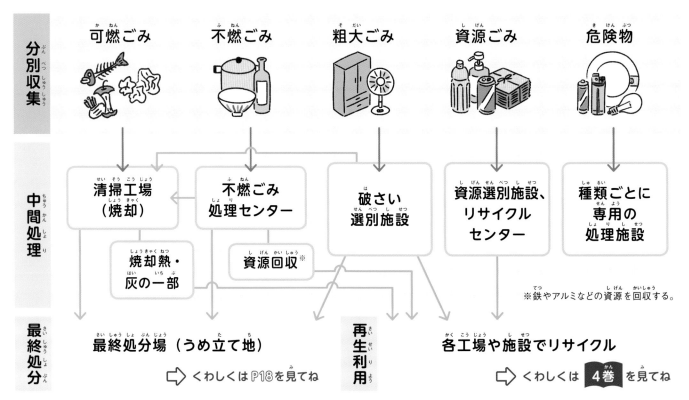

※鉄やアルミなどの資源を回収する。

⇨ くわしくはP18を見てね

⇨ くわしくは 4巻 を見てね

「中間処理」って何？

最終処分場に
うめられる量にも
限界があるんだよ

ごみの量を減らし、有害な物質を取り除くために行う処理

　集められたごみは、できるだけ環境に影響をあたえないように、清掃工場などで、さまざまな処理が行われます。それを「中間処理」といいます。集めたごみをそのままうめてしまったら、最終処分場はすぐにいっぱいになってしまうので、焼却・脱水・破さいなどをすることによってごみの量を減らしているのです。また、有害物質を取り除いたり、焼却で出た灰を溶かして利用したり、資源として使えるものは選別して再生利用（リサイクル）しています。

● 中間処理で行われること

焼却	脱水	破さい	溶解	選別
ごみを燃やす	水をぬく	細かくくだく	高温で溶かす	資源として回収する→再生利用

● 可燃ごみは焼却することで、ごみの量を減らすことができる

 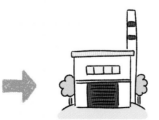 

焼却前と比べて容積が
約20分の1※になるよ。

※処理の仕方でもっと
減るところもあります。

　ただし、ごみの焼却は、ダイオキシン発生など環境への影響が大きく、最終処分場がすぐにいっぱいになってしまうので、もともとのごみの量を減らす必要があります。

なぜ、ごみの処理にお金がかかるの？

ごみの処理には、とてもお金がかかるんだ。1年でどのくらいの費用がかかり、そのお金はどこから支払われているのだろう。

施設や車両、人件費などに約2兆1000億円かかる！

ごみの処理には、多くの費用がかかります。2018年度には、日本全体の1年間のごみ（一般廃棄物）処理に約2兆1000億円もかかりました。

費用の内わけは、処理場の管理費、収集・運搬に使われる車両の購入費、人件費（働く人の給料）やリサイクル費用などです。処理施設をつくるための建設改良費は約4238億円かかっています。

近年はごみの量は減りつつあるものの、分別やリサイクルの必要性から、ごみ処理の費用が上がってきています。

環境省「一般廃棄物の排出及び処理状況等（平成30年度）について」より

● ごみの処理にかかる費用

国の1年間分の費用合計：約2兆1000億円
一人の1日分の費用（平均）：約45円
一人の1年間分の費用（平均）：約1万6500円
※2018年度

2兆1000億円分の1万円札を積み上げると21,000メートルにも！

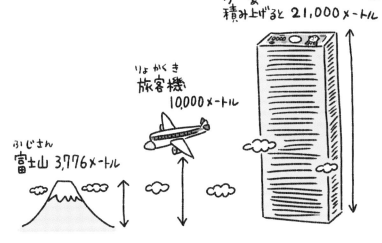

1年間分のごみ処理にかかる費用
積み上げると 21,000メートル

旅客機 10,000メートル

富士山 3,776メートル

● ごみの処理には場所、もの、人の力が必要

ごみを集めて安全に処理するまでには、多くの「力」が必要だ。
どんな力がどのようにごみ処理を支えているのか見てみよう。

処理施設

　ごみを処分するための清掃工場や最終処分場をつくり、安全に運営させるには、とても多くの費用がかかる。

車両

　自治体全域からごみを集めたり、ごみを処分施設に運んだりする車両の購入費用はもちろん、ガソリン代も費用にふくまれる。

人の力

　ごみの処分には、人の手が欠かせない。分別や収集、処理施設の管理・運営など、多くの人の力によって支えられている。

こんなに多くの
人やものが支え
ているんだね

ごみの量を減らすことが
できれば、
お金も節約できるんだ！

環境メモ

税金はみんなから集め
た大切なお金だよ

ごみ処理のお金は
みんなの「税金」で払っている

　ごみ処理の費用は、自治体が税金でまかなっています。リサイクルごみには例外があり、容器包装などは生産者や利用者が費用を負担しています。家電は、家電リサイクル法で消費者の費用負担が義務付けられています。

⇨ くわしくは 4巻 を見てね

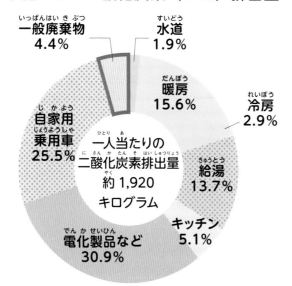

清掃工場でごみを燃やすとどのくらいの二酸化炭素が出るの？

二酸化炭素（CO_2）は自然界にも存在するけれど、増えすぎると私たちの生活に大きな影響をあたえるよ。どんなときに二酸化炭素が出るのか考えてみよう。

1年間で一人当たり約84キログラムの二酸化炭素（CO_2）が出る！

ものを燃やすと、二酸化炭素（CO_2）が発生します。もちろん、ごみを燃やすことでも発生するため、可燃ごみをはじめとした、焼却処分しなくてはいけないごみが、多ければ多いほど、二酸化炭素も発生しやすくなります。

日本では、2018年の1年間に、家庭ごみの処分で一人当たり約84キログラムもの二酸化炭素が発生していたことがわかっています。この二酸化炭素量は、家庭でのさまざまな用途から出る二酸化炭素のうち、4.4パーセントほどをしめるものです。

● 家庭からの二酸化炭素（CO_2）排出量（用途別）

一般廃棄物 4.4%
水道 1.9%
暖房 15.6%
冷房 2.9%
自家用乗用車 25.5%
一人当たりの二酸化炭素排出量 約1,920キログラム
給湯 13.7%
キッチン 5.1%
電化製品など 30.9%

出典　温室効果ガスインベントリオフィス（国立環境研究所）の資料による

家庭からの二酸化炭素発生量のうち、一般廃棄物は 4.4パーセント → 家庭ごみにより発生する二酸化炭素は1年間で一人当たり 約**84**キログラム

ものを製造するときに二酸化炭素が発生！

私たちがふだん使用している身の周りのものや、食品をつくるときにも、二酸化炭素は排出されています。製造業（産業部門）からの二酸化炭素排出量は、日本全体の排出量の37.6パーセントをしめています。

⇨ くわしくは **1巻** を見てね！

ごみ収集車からも二酸化炭素が発生！

ごみ収集車からは、走行時とごみの積みこみ装置の作動時に二酸化炭素が排出されています。現在は、多くの収集車でアイドリングストップを心がけたり、電動式の積みこみ装置を使うといった、二酸化炭素削減の工夫がされています。

二酸化炭素が増えるとどうなるの？

さまざまな問題を引き起こす地球温暖化につながる！

二酸化炭素は、太陽の熱を地球にとどめ、生物がすみやすい気温を保つ「温室効果ガス」のひとつです。二酸化炭素が増加すると、太陽の熱がにげにくくなり、気温が上がりやすくなる「地球温暖化」が起こります。

気温が上がると、南極や北極などの寒い地域の氷や氷河が溶けて海水が増え、低い地域が海にしずんでしまいます。さらには気候の変動が激しくなり、動植物の生息がおびやかされることにつながるのです。

● 2017年 世界の二酸化炭素排出量（国別排出割合）

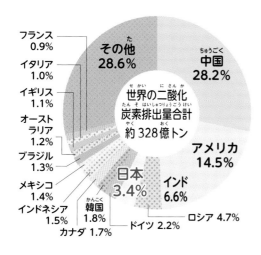

- フランス 0.9%
- イタリア 1.0%
- イギリス 1.1%
- オーストラリア 1.2%
- ブラジル 1.3%
- メキシコ 1.4%
- インドネシア 1.5%
- カナダ 1.7%
- 韓国 1.8%
- ドイツ 2.2%
- ロシア 4.7%
- インド 6.6%
- 日本 3.4%
- アメリカ 14.5%
- 中国 28.2%
- その他 28.6%

世界の二酸化炭素排出量合計 約328億トン

出典　EDMC エネルギー・経済統計要覧 2020 年版

日本の二酸化炭素排出量は世界で5番目に多く、世界全体の二酸化炭素排出量の約3.4パーセントをしめています。近年、全体の排出量は減りつつありますが、国民一人当たりの排出量は増えています。

用語解説

京都議定書

1997年に京都で開催された「気候変動枠組条約第3回締約国会議（COP3）」で決まった国際条約です。二酸化炭素をふくむ6種類の温室効果ガスの、先進国の排出削減の数値目標が盛りこまれています。

二酸化炭素を削減するには一人ひとりの心がけが大切！

ぎもん 4

なぜ、最終処分場（さいしゅうしょぶんじょう）が必要（ひつよう）なの？

ごみが最後（さいご）にたどり着（つ）くのは
こういう場所（ばしょ）なんだね！

ぎもん
5

いつからごみを
うめているの？

ぎもん
6

なぜ、ごみをうめ立てる
場所がなくなるの？

なぜ、最終処分場が必要なの？

ごみを燃やしたりくだいたりした後で、どうして最終処分場が必要なのだろう？最終処分場の役割を知ろう。

資源として使えないものや、焼却後の灰がどうしても残ってしまうから。

最終処分場は、主に燃やしたごみの灰や不燃ごみ、粗大ごみなどから資源を取り出してくだいたものをうめる場所です。

資源として使えるものは再利用したり、可燃ごみは焼却したり、中間処理では、さまざまな処理をしていますが、資源化できないものや、燃やせないごみや、ごみを焼却したあとの灰は、どうしても残ってしまいます。限られた最終処分場をすぐにいっぱいにしないように、ごみを増やさないことが大切です。

国土のせまい日本では、最終処分場は谷間につくられることが多いのですが、関東地方や近畿地方の大都市の近くでは、海に最終処分場をつくり、うめ立てています。

● **最終処分場への流れ**

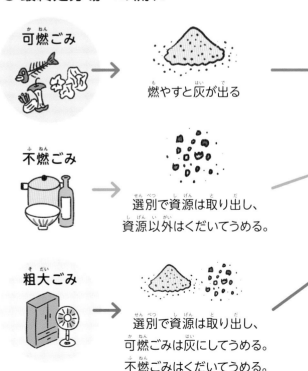

可燃ごみ
燃やすと灰が出る

不燃ごみ
選別で資源は取り出し、資源以外はくだいてうめる。

粗大ごみ
選別で資源は取り出し、可燃ごみは灰にしてうめる。不燃ごみはくだいてうめる。

中間処理を終えた灰や細かくくだいたごみは、最終処分場に運ばれ、有害物質の染みこみを防ぐシートをしいた上にうめ立てられます。最終処分場のところどころには、ごみが発酵して出すガスをぬく管が付いています。

いつからごみをうめているの？

産業が盛んになり、暮らしが豊かになると、ものが増え、ごみが増えてしまう。日本のうめ立ての始まりを調べてみよう。

日本では江戸時代からごみをうめている！

ごみのうめ立て処分の歴史は、今からおよそ360年ほど前の江戸時代にさかのぼります。当時の江戸では、衣類やげたなどを修理しながら使い、使えなくなったら燃料にするなど、リサイクルするしくみができていました。

しかし、産業が発展してくると、江戸に多くの物資が集まるようになり、処理しきれないごみが増えていきます。そこで当時、政治を担っていた幕府は、海をごみ捨て場に指定し、ごみでうめ立てることにしたのです。

● うめ立ての始まり

当時の江戸では、海を土砂でうめ立てて新しい田んぼをつくる「新田開発」が進んでいました。ごみの処分でなやんでいた幕府は、土砂の代わりにごみでうめ立てることで、ごみの処理と新田開発を同時に進めようとしたのです。

今の東京都江東区の一部が、江戸時代のうめ立て地だよ

ぎもん 6

なぜ、ごみをうめ立てる場所がなくなるの？

ごみが多ければ多いほど、最終処分場に運ばれるごみも増えてしまうよね。
このままうめ立て続けたら、どうなってしまうのか考えてみよう。

ごみが多すぎて20年後には、最終処分場がなくなる！？

高度成長期（1960年代〜1970年代）からバブル期（1980年代〜1990年代前半）にはごみが急増し、可燃ごみの焼却が追いつかず、燃やさないままで最終処分場にうめていました。その結果、多くの最終処分場の残余年数（満杯になるまでの残り時間）が10年以下に減ってしまったのです。

しかし近年は、3Rの努力や新たな最終処分場の建設で、残余年数は20年ほどになりました。残余年数を減らさないためにも、これからも3Rを心がけていくことが大切です。

➡ 3Rは **1巻** を見てね

● 最終処分場の残余容量と残余年数（一般廃棄物）

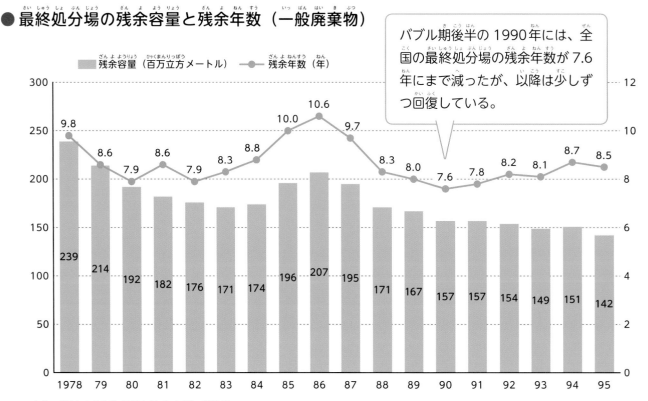

バブル期後半の1990年には、全国の最終処分場の残余年数が7.6年にまで減ったが、以降は少しずつ回復している。

出典 「日本の廃棄物処理」（各年度版）環境省

ごみ処理ってどのように変化してきたの？

歴史を知りこれからのごみ処理を考えよう

昔の人はどうやってごみを処理していたのでしょう。明治時代になると、当時の東京市ではごみの処理にさまざまな工夫をしてきました。それぞれの家に、ごみ収集用の容器である「じんかい箱」を置くことになったのもそのひとつです。

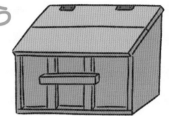

「じんかい箱」。上からごみを入れられ、ふたが付いている。

● 東京のごみ処理の歴史

江戸	リサイクルのしくみが社会に根づいていたが、産業の発展にともなってごみが増加。人々はごみを近くの堀や川、空き地に捨てるようになり、船の運航や防火のさまたげになった。そのため、幕府は海のうめ立てをごみで行うことにした。
明治・大正	1900（明治33）年に公布された「汚物掃除法」では、ごみを「なるべく」焼却することが定められたが、生ごみを野外で焼くと大量のハエが集まるなどの問題が起こった。1924（大正13）年、東京に最初のごみ焼却場である「大崎塵芥焼却場」ができた。
昭和／第二次世界大戦中	ごみは主に焼却処分されていた。戦争が激しくなると、焼却場はほかの仕事に使われたり、戦争の被害を受けて廃止に追いこまれたりした。戦災による灰や燃えがらが480万立方メートルも発生したとされ、川にうめ立て処分をして、東京の風景を一変させる原因にもなった。
昭和／第二次世界大戦後	戦後の復興とともに、都市部でごみの処分が行きづまった。そこで、1954（昭和29）年に「清掃法」が制定された。これにより、自治体によるごみ処理の義務が明確になり、住民にも協力を求めるようになる。自治体は衛生的なごみ処理を行い始めた。
高度成長期／昭和	ごみの量が一気に増加。1947（昭和22）年には約11万トンだったが、1960（昭和35）年には100万トンをこえてしまう。さらに、テレビや洗濯機などの家電が家庭に広がって粗大ごみも増加。プラスチック製品も増え続けたため、安全に焼却処分できる清掃工場と焼却方法が求められた。
現在	資源の有効活用を目指す3R運動が推進され、家電リサイクル法や食品リサイクル法など、さまざまな法律でごみを減らす取り組みがなされている。また、「必要なものだけを買う」「食品廃棄物を減らす」といった個人の取り組みが積極的に行われるようになった。

日本は世界でいちばんごみを燃やしている

燃やすごみの量を減らすためにどんなことができるかな。
少しずつでも、みんなでできることを考えてみよう。

日本のごみの焼却量はとても多いので、焼却で発生する有害なダイオキシン（25ページ）の排出量も、どうしても多くなってしまいます。うめ立て処理が多かったヨーロッパでも、最近では焼却処分することが増えてきているのですが、日本の焼却炉の数を他の国と比べてみると、その多さにおどろきます。

日本は国土がせまいので、中間処理でごみを燃やして小さくする必要があります。また、自治体ごとにごみ処理を行っていることが、焼却炉が多い原因のひとつでもあります。小さな自治体ではうめ立て処分が難しいため、焼却処分にたよらなければならない現状があるのです。

● 焼却炉の数

日本	1243	ドイツ	154
アメリカ	351	イギリス	55
フランス	188	スウェーデン	28

出典　環境省平成21年度，OECD2008

日本の焼却炉の数は世界でもきわめて多い。焼却炉を減らすには、自治体ごとに行っているごみ処理を、複数の自治体で行うようにするなどの取り組みが必要。

燃やすごみを減らすには？

日本では食品廃棄物や生ごみが多いことも影響していると考えられます。例えば、環境先進国といわれるスウェーデンなどでは、生ごみをコンポスト（微生物が分解することでできる堆肥）にして、家庭菜園の肥料として使うことが一般的です。できるだけごみを減らす工夫をしているのです。最近は、日本でも、家の中で使える手軽な生ごみ処理機（コンポスター）が売られるようになりました。家庭の生ごみを肥料に変えられたら、可燃ごみを少しずつ減らすことにつながります。

家庭用生ごみ処理機（電動式・乾燥型）。ごみ箱のように置くことができ、除菌と脱臭にすぐれているので部屋の中に置いてもにおいが気にならない。

写真：パナソニック株式会社

庭のあるおうちなら、コンポスターを土の上に置いて肥料がつくれるよ！

22

2章

清掃工場での
ごみ処理の
流れを調査！

可燃ごみ、不燃ごみ、
粗大ごみが、清掃工場で
どのように処理されるのかを
くわしく調べていこう。

可燃ごみのゆくえ

可燃ごみの処理では、中間処理として焼却を行っているよ。
燃やすことで量を減らすことができるのはもちろん、
有害物質を取り除くこともできるんだ。
可燃ごみのゆくえを追いかけてみよう。

ごみを
どうやって
燃やして
いるのかな?

ごみの流れ ⟶　排ガスの流れ ⟶
灰の流れ ⟶　蒸気の流れ ⟶

ごみの流れ

計量してから、ごみピットへ投入する

ごみ収集車の重さを入り口で量ります。車両の重さを引いて、集めたごみの重さを確認します。その後、ごみピットに投入します。

中央制御室

ボイラ

エコノマイザ

プラットホーム

焼却炉

ごみピット

ごみピットにためてクレーンで運ぶ

均一に燃やされるようにごみをクレーンで混ぜます。持ち上げて落とすことを何度もくり返して焼却炉へ運びます。

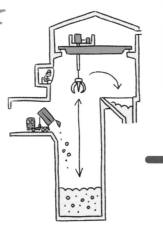

焼却炉で時間をかけて焼却する

炉の中では階段状の火格子の上を移動させ、空気を送りながら焼却します。2〜3時間かけて完全に燃やして灰にします。

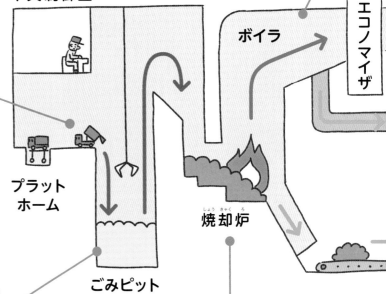

送風機　燃焼用空気予熱機

クレーンで
ごみを混ぜているんだね!

高温で焼却することによって、
ダイオキシン類の発生をおさえられるんだって!

ごみを燃やすときに出る高温の排ガスを処理する

　排ガスは、ボイラを通って蒸気をつくり、温度が下がります。エコノマイザという装置で熱交換をしてから、次の装置に送られます。

排ガスの中に浮遊する灰を「飛灰」というよ！

ここでつくられた蒸気は、発電などに利用されるよ！

排ガスをきれいにして煙突から排出する

　排ガスは、ろ過式集じん装置などを通り、有害物質などを取り除き、きれいな状態で排出されます。

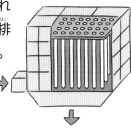

ろ過式集じん装置

蒸気タービン発電機 → 電気に／熱に

飛灰貯留槽

煙突

灰選別室

灰ピット

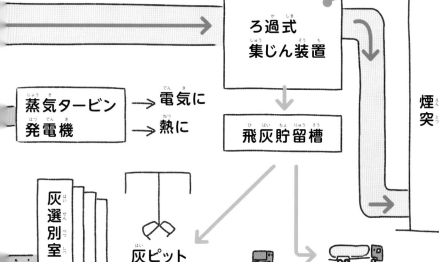

磁選機 → 灰破さい機 → 灰選別機 → 灰押出装置

用語解説

ダイオキシン

ものを燃やすことで発生する有毒物質。排ガスにふくまれることが多い。現在では焼却の工夫などで発生が減っている。

ごみを燃やしてできた灰を処理する

　灰は、磁力選別機（磁選機）、灰破さい機、灰選別機により、細かくくだかれ、金属などが取り除かれ、灰押出装置で湿らせて、灰ピットに送られます。

焼却炉からでる灰を「主灰」というよ！

灰はトラックなどで運ばれる。

　灰は最終処分場でうめられるか、セメント工場で原料となります。飛灰はジェットパッカー車で運ばれます。

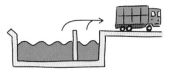

灰を焼却炉の灰溶融炉に運んでスラグ化する焼却炉もあるよ。スラグ化は灰を固める方法のことだよ

⇨ くわしくはP44を見てね

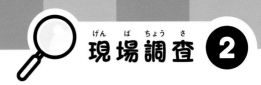
可燃ごみの処理方法

生ごみなどの可燃ごみは、どのように処理されているのだろう。
実際に可燃ごみが処理されるようすをくわしく見てみよう。

武蔵野クリーンセンター①

東京都武蔵野市にある武蔵野クリーンセンターでは、毎日100トンものごみを焼却処理しています。これは、ごみ収集車80台分にも当たる量です。

また、焼却炉の熱を利用した発電を行い、災害時に焼却システムを単独で再起動できる設備も整っています。

5階建てのビルがすっぽり入る大きさだ

ごみを燃やす

①プラットホーム

回収した可燃ごみを、ごみ収集車が運んでくる。ごみはここでごみピットに投入される。

③焼却炉

ごみは850度以上の温度で2〜3時間かけて完全燃焼させ、灰にする。武蔵野クリーンセンターの焼却炉では、1日に120トンのごみが処理できる。

②可燃ごみピット

ごみピットの高さは23メートルあり、約6日分のごみがためられる。ここに集めたごみを巨大なクレーンで持ちあげ、焼却炉に投入する。

排ガスをきれいにする

①ボイラ

高温の排ガスで水をふっとうさせ、蒸気をつくる（その蒸気で発電を行う）。

②ろ過式集じん装置

ボイラを通って冷やされた排ガスを、フィルターに通すことで、排ガスから有害物質を取り除く。

③煙突

排ガスはきれいな状態で煙突から排出される。

灰を集める

①灰選別装置

可燃ごみを燃やして出た灰の中から、金属などを取り除き、エコセメントに適合した灰にする。灰は灰ピットに送る。

②灰ピット・クレーン

灰ピットに集められた灰をクレーンで灰運搬車に積みこむ。灰はエコセメント化施設に運ばれてエコセメント※になる。

※焼却灰などを利用してつくられるセメントのこと。

③飛灰・ジェットパッカー車

焼却炉やろ過集じん装置内で生じる軽い飛灰は、飛灰貯留槽に集められた後、ジェットパッカー車で吸いこみ、エコセメント化施設へ運ばれる。

管理

中央制御室

施設全体の管理を行う場所。24時間休まずに運転状態や排ガスの監視、ごみピット内のクレーン操作などを行っている。

災害時のエネルギー供給

武蔵野クリーンセンターでは、平常時も焼却熱を有効活用して発電をしていますが、災害が起きたときにも、ガスの供給を受けて発電できます。市役所をはじめとする公共施設に電気と蒸気を供給することも、焼却炉の再稼働をしてごみ処理を続けることもできます。

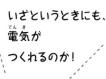

いざというときにも、電気がつくれるのか！

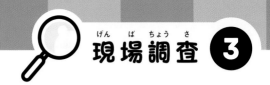
不燃ごみ・粗大ごみのゆくえ

不燃ごみや粗大ごみは、クリーンセンターや、
不燃ごみ処理センター、粗大ごみ破さい処理施設などに
運ばれて処理されるよ。資源を取り出し、
サイズを小さくするための作業をするんだ。

いろいろな手間が
かかって
いるんだよ

ごみの流れ

プラットホーム　　中央制御室

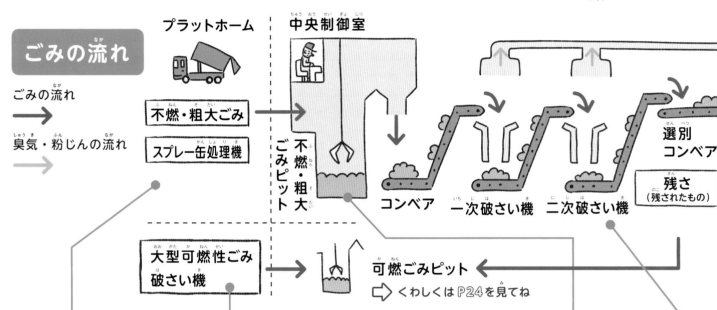

ごみの流れ　→

臭気・粉じんの流れ　→

不燃・粗大ごみ

スプレー缶処理機

不燃・粗大ごみピット

コンベア

一次破さい機

二次破さい機

選別コンベア

残さ（残されたもの）

大型可燃性ごみ
破さい機

可燃ごみピット

⇨ くわしくはP24を見てね

プラットホームでごみを分けて作業をする

　ベッドなどの粗大ごみは、部品を手作業で取り出しています。また、蛍光管などの有害なごみを分けて、専用の機械でそれぞれ処理をします。スプレー缶は機械で穴を開けてからごみピットに入れ、破さい機にかけます。

不燃・粗大ごみピットから、クレーンで運ばれる

　ごみピットに集められたごみは、クレーンで不燃・粗大ごみ選別機の投入ホッパに入れられます。コンベアで破さい機へと運ばれます。

　木製家具などは大型可燃性ごみ破さい機で細かくしてから可燃ごみピットに入れて焼却されます。

臭気・粉じんはきれいに処理する

臭気（処理するときに出るにおい）や粉じんは、サイクロン式集じん機、バグフィルタ、脱臭装置などを通してから、臭突から排出されます。

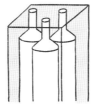

においをきれいにして、出すための煙突を臭突と呼ぶよ

再利用できるものはリユースする

回収した粗大ごみの中で、傷の少ない家具などは修理・掃除をして、再び使えるように（リユース）します。

➡ くわしくは **1**巻 を見てね

まだ使えるものもたくさんあるんだね！

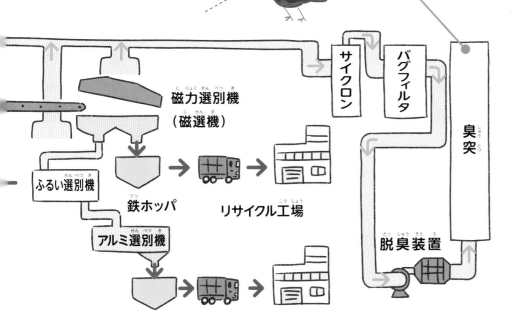

磁力選別機（磁選機）

ふるい選別機

鉄ホッパ

リサイクル工場

アルミ選別機

アルミホッパ

サイクロン

バグフィルタ

臭突

脱臭装置

使える部品や材料はリサイクルする

エアコンやテレビ、冷蔵庫、洗濯機などの家電製品は、使える部品や材料を回収し、リサイクルします。

➡ くわしくは **4**巻 を見てね

2回に分けて破さい機でくだかれる

まず一次破さい機で低速でゆっくりくだかれます。次に、高速の二次破さい機で細かくくだかれ、細かくなったごみはコンベアで運ばれます。

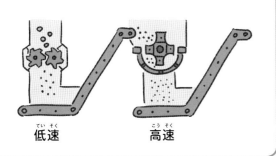

低速　　　高速

選別機で素材ごとに分けて集める

磁力選別機（磁選機）やふるい選別機などを使い、鉄やアルミなどの金属がホッパに集められ、資源として、トラックでリサイクル工場に運ばれます。

こうやって素材ごとに分けていたのか！

不燃ごみ・粗大ごみの処理方法

不燃ごみや粗大ごみは、うめ立て処理する量を減らすためにさまざまな手順をふむよ。どんな作業が行われているのかくわしく見てみよう。

どんな工夫をしているのかな

武蔵野クリーンセンター②

武蔵野クリーンセンターには不燃ごみや粗大ごみ、有害ごみが集められます。不燃ごみや粗大ごみは破さい機で細かくくだいた後で、選別機で鉄やアルミなどの資源となる金属を集め、リサイクルセンターへ運びます。また、蛍光管や電池などの有害ごみは、ドラム缶に集められ、処理施設に運ばれます。

ごみを分けて細かくする

①プラットホーム

回収した不燃ごみ・粗大ごみを、ごみ収集車が運んでくる。集められたごみは、不燃・粗大ごみピットに投入される。

プラットホームでの作業

【有害ごみを取り除く】
蛍光管破砕機

蛍光管や電池には有害物質の水銀がふくまれている。蛍光管はくだいてドラム缶につめ、処理施設へ送る。

【スプレー缶を処理する】
スプレー缶処理機

機械で穴をあけてから、不燃・粗大ごみピットへ運ばれる。

【可燃ごみをわける】
大型可燃性ごみ破砕装置

粗大ごみの木製の家具などは、機械で細かくくだき、可燃ごみピットへ運ばれる。

②不燃・粗大ごみピット

プラットホームで処理を終えたごみはピットに集められる。

③破さい機

2回に分けてごみをくだく。一次破砕機でゆっくりくだかれてから、高速の二次破さい機で細かくくだかれます。

スプレー缶は、処理をしてから、ピットに入れているんだね!

資源を集める

①磁力選別機

磁石を使って鉄を取り出す。

②粒度選別機・アルミ選別機

残ったごみは粒度選別機に送られて細かい木くずなどのごみを分ける。さらに残ったごみはアルミ選別機に送られる。

③ホッパ

選別された鉄とアルミはホッパという貯蔵層にためられる。底に排出口があり、ここが開くことで、トラックに積みこまれる。

においや粉じんをとる

臭突

それぞれの作業場の臭気と粉じんは、フィルタや脱臭装置を通して、専用の煙突である臭突から排出される。

🔭 見学に行ってみよう！

武蔵野クリーンセンターの工場棟の2階は、見学者コースになっているよ。開館時間であれば、予約をしなくても自由に見学ができるよ。

東京都武蔵野市緑町 3-1-5　0422-38-5516
開館時間：午前 10 時～午後 5 時
休館日：火曜日、祝日（月曜日が祝日の場合は開館、その週の水曜日が休館）、年末年始
※ 2021 年 1 月時点

町になじむ美しいデザイン。2017 年に「公共用の建築・施設」部門でグッドデザイン賞を受賞している。

ひろびろとした見学コース。1 周することで、ごみ処理のしくみや流れがよくわかる。

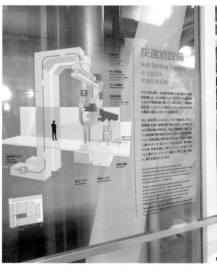

ガラス越しに実際の機械を見ることができる。モニターがあり、機械の中の動きが動画で説明されているところもある。

本物が見られるんだ

分かりやすいね！

光の差しこむ明るいフロア。パネルやモニターでくわしく学べる。

可燃ごみピットのクレーンもガラス越しで間近に見ることができる。

最終処分場のしくみ

うめ立て処理の流れを調査！

清掃工場などで焼却・破さいされたごみは、最終処分場に運ばれ、うめ立て処理されるよ。灰の飛び散りや水や土の汚染を防ぐための工夫がされているんだ。

うめ立てる灰やごみを運ぶ

走行中に灰が飛ばないように、荷台にふたがついたダンプカーで灰やごみを運ぶ。

土をかぶせる

うめた灰やごみが飛ばないように、その上には土をかぶせる。これをくり返し、層のように灰やごみを積み上げていく。

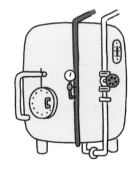

土や水を管理する

うめ立てられたごみからはガスや水分が発生する。水による汚染を防ぐため、浸出水の浄化装置で水質の管理をする。

ショベルカーで灰やごみをうめ立てる

ショベルカーなどの重機を使ってうめ立てる。穴をほって落としこむ「がくぶち方式」と、ごみをしきならしていく「サンドイッチ方式」がある。

ごみクイズ

うめ立てが終わった最終処分場はどうなるのでしょうか？

➡答えは35ページへ

最終処分場は、山や海につくられる

　うめ立て地をつくるためには広大な土地が必要なので、主に山間部につくられることが多いのですが、日本は国土面積が小さいので、海にもつくっています。これは、世界ではめずらしいことです。

きれいな山や海を
守らなくちゃね！

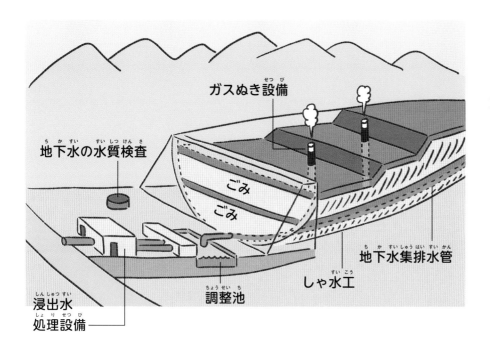

ガスぬき設備

地下水の水質検査

ごみ

ごみ

地下水集排水管

しゃ水工

浸出水
処理設備

調整池

山間部につくられる
最終処分場（うめ立て地）

　おわんのような形のシートや壁をつくり、ごみから出る有害物質が土や海に流れこまないような工夫をしている。ごみから発生する水分やガスは、パイプを通して排出できるようなしくみになっている。よごれた水は、集配水管で集め、浄化してから川などに流す。

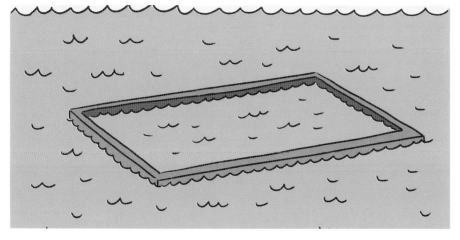

海につくられる
最終処分場（うめ立て地）

　海と陸の境界にはコンクリートなどの壁をつくる。壁はよごれた水がそのまま海に流れない素材でできており、水圧にたえられるようにじょうぶになっている。底は底部しゃ水層といい、水を通しにくい厚い粘土層を利用している。

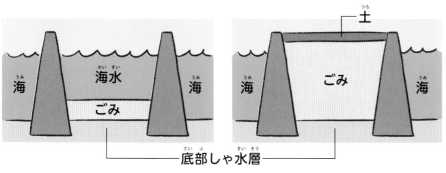

土

海　海水　海

ごみ

海　ごみ　海

底部しゃ水層

最終処分場を見てみよう

全国にはいくつもの最終処分場があるんだ。
いずれも安全に管理され、
うめ立て後は住民のために活用されているよ。

とても広い土地に
うめ立てているんだね！

中央防波堤埋立処分場（東京都）

東京都が管理・運営している中央防波堤埋立処分場は、東京都23区内の廃棄物の最終処分場で、東京湾の海岸部にあります。廃棄物以外にも、海底や川底からほり出された土（しゅんせつ土）や、建設発生土などの土砂もうめ立てていますが、管理方法が異なるため、区別してうめます。

現在は内側埋立地のうめ立てが終わり、外側埋立処分場をうめ立て中です。さらに、最後のうめ立て場所である新海面処分場でも、可燃ごみの灰のうめ立てが始まっています。

見晴らし台からのながめ。手前には、1977年10月からうめ立てを開始した、外側埋立処分場のうめ立てのようすが見られる。廃棄物をうめ立てる処分場の広さは199ヘクタール（東京ドーム42個分）。フェンスの向こう側には、新海面処分場が広がる。
写真：東京都環境局

中央防波堤埋立処分場の外側埋立処分場と新海面処分場の残余年数は、あと50年ほどと考えられている。
写真：東京都環境局

うめ立て作業のようす。うめ立ての高さは約30メートル（1層約3.5メートル）。1日1300トンのごみをうめている。1日260台（2019年時点）のごみ運搬車が来る。

写真：東京都環境局

うめ立て地の活用例

和泉リサイクル環境公園（大阪府和泉市）

写真：和泉リサイクル環境公園

ごみと環境についての考えを深められる公園になっているよ

山のふもとにある産業廃棄物の最終処分場跡地につくられた自然あふれる公園です。「処分場跡地のリサイクル」という考えのもとでつくられました。公園内のほとんどの設備や資材にリサイクル品を使用しているのも特徴です。

ノジマメガソーラーパーク（神奈川県相模原市）

平地につくられた一般廃棄物の最終処分場です。相模原市が企業との協働で、うめ立ての終わったところに大規模太陽光発電設備（メガソーラー）を導入しました。自然エネルギーを活用することで、エネルギー問題や地球温暖化の解決を進めるだけでなく、市民の環境問題への関心を高める役割もあります。

写真：神奈川県相模原市役所

広大な土地を有効に活用しているんだね

32ページの
ごみクイズ
答え

みんなが楽しめる環境公園や、ソーラー発電の施設になって、有効活用されているよ。プールや植物園になっているところもあるよ。

清掃工場の煙突のせい比べ

ごみを燃やしたときに出る排ガスをきれいにして放出するために、清掃工場には煙突が設置されているよ。東京都の煙突を比べてみよう。

煙突の高さは、排ガスによる生活環境への影響や、景観などを考えて決められます。東京都23区内で最も高い煙突を持つのは、豊島区の豊島清掃工場です。繁華街の池袋が近くにあり、高層ビルも多いことから、ある程度の高さがないと排出が難しいためです。

反対に、最も低い煙突を持つのは、大田区の大田清掃工場です。これは近くに羽田空港があり、法律によって高さが制限されているためです。

● 東京都の清掃工場の煙突せい比べ

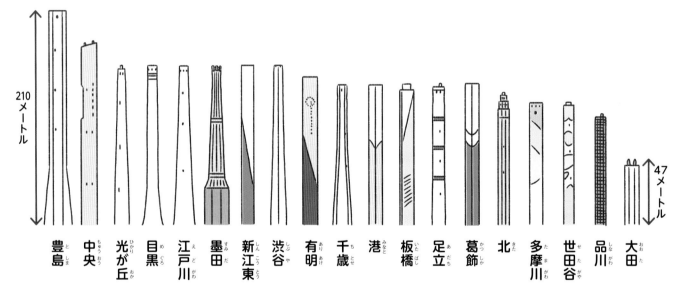

210メートル

47メートル

豊島　中央　光が丘　目黒　江戸川　墨田　新江東　渋谷　有明　千歳　港　板橋　足立　葛飾　北　多摩川　世田谷　品川　大田

引用元：東京二十三区清掃一部事務組合「東京23区のごみ処理」

排ガス中の有害物質を減らすために

ごみを850度以上の高温で燃やすことで、有害なダイオキシン（25ページ）類の発生を減らせます。また、化学反応を利用して、排ガス内の有害物質を中和・分解し、排ガスの中にある飛灰を集じん装置で取り除いています。

空気をよごさないようにしているんだ！

36

3章

清掃工場の
取り組みを
見てみよう

清掃工場はごみ処理を通して、
環境に配慮したさまざまな工夫
を行っているよ。
調べてみよう。

エネルギー活用①

ごみを燃やす熱で熱帯の植物を育てている！

清掃工場の焼却炉から出る熱を有効活用している植物園があるよ。
冷暖房にも熱のエネルギーが使われているんだって。

夢の島熱帯植物館（東京都江東区）

熱帯の植物を展示する温室の暖房や、館内の冷暖房などに、新江東清掃工場の焼却熱で温められた高温水が使われています。また、この熱帯植物館は、かつて東京の最終処分場だったうめ立て地の夢の島に建てられています。

うめ立て地も有効活用されているのか！

焼却熱を使って、熱帯雨林を再現している。

碓氷川熱帯植物園（群馬県安中市）

碓氷川クリーンセンターの焼却熱を有効活用する施設としてつくられました。室内は年間を通して20度に保たれています。余熱の利用法やごみの処理の現状などにかかわる展示もあり、環境問題についての学習の場にもなっています。

植物を育てることは環境にも優しいね！

約70種450本の植物が展示されている。

エネルギー活用②

ごみを燃やす熱が「温水プール」をつくる！

焼却炉から出る熱を有効活用して、
みんなが遊べる楽しいプールをつくっているよ。

熱のエネルギーを使うと節約にもなるんだね！

こてはし温水プール

（千葉県千葉市）

千葉市北清掃工場の焼却炉から出る熱を活用したプールです。水の温めのほか、施設の冷暖房や床暖房、給湯、照明にも焼却熱による発電を利用することで、電気代やガス代の節約につながっています。

施設の天井はガラス張りになっている。

ごみを燃やしたときに発生する熱（焼却熱）を利用して発電するしくみ

電気　蒸気タービン　発電機

ボイラ　電気

蒸気　温水

プラット
ホーム　焼却炉

ごみピット　熱交換器　温水の循環

清掃工場　温水プールなどの施設

ボイラの熱で発電もできるんだね！

エネルギー活用③

ごみ処理施設が「防災拠点」になる

愛媛県今治市のごみ処理施設は、防災拠点として
町のみんなを守る役割ももっているよ。

バリクリーンで毎年開催されるイベントでは、ごみを受け入れるプラットホームを開放するなどしている。

今治市の3R推進
イメージキャラクター「あーるん」。

今治市クリーンセンター：
愛称バリクリーン（愛媛県今治市）

　愛媛県今治市にあるバリクリーンは、「21世紀のごみ処理施設のモデル」ともいわれています。焼却熱で発電した電気を施設内で使うだけでなく、近くの公共施設にも供給しています。余った電力は売却して年間約2億円の利益を得ており、これで施設の管理費などをまかなっているのです。

　また、ごみ処理施設でありながら、防災施設の機能も備えており、災害時に地域の防災拠点として活用することができます。

●災害が発生したときに、施設の機能を維持するしくみがある！

　バリクリーンでは、災害発生時から3時間以内に避難所を開設し、3日後には可燃ごみの処理を再開することができるようになっています。ごみの処理が始まると、電力がつくられて避難所で利用できます。ごみ処理をすることで、電気、給水、排水の機能が向上して、避難所生活が快適になるのです。

避難所としても
ごみ処理施設としても
機能するんだね！

バリクリーンの充実した避難所機能

大切な情報を発信する
こともできるんだね！

避難所

パーテーション（仕切り板）によりプライバシーが保たれ、妊産婦や小さな子どもたちも安心。

情報伝達

衛星携帯電話やアマチュア無線などの通信手段が使える設備がある。防災無線・防災スピーカーもあるので、市の災害本部からの情報を周辺の地域に発信することもできる。

電力供給

停電になったときも、非常用発電機とごみ処理発電により施設に電力供給ができる。冷暖房、シャワー、ふろなども使える。

ＩＨ調理設備があり、炊き出しにも使える。IHとは誘導ヒーターのことで、鍋そのものが直接熱くなる熱調理器のこと。

ごみ処理発電の電気を電気自動車に充電することで、移動手段にも役立てることができる。

備蓄品

倉庫には、最大320人の市民が1週間避難するために必要な食料品・日用品を備蓄している。大人用の紙おむつや粉ミルクも備えている。

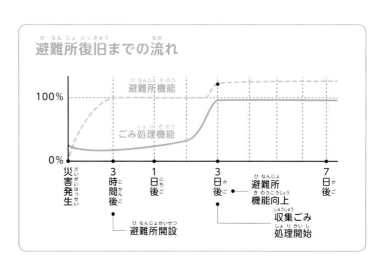

避難所復旧までの流れ

避難所機能
ごみ処理機能

100%
0%

災害発生　3時間後　1日後　3日後　避難所機能向上　7日後

避難所開設
収集ごみ処理開始

ごみが変身 ①

生ごみが「バイオガス」に変身!

生ごみからエネルギーをつくることができるよ。
「バイオガス」をつくるしくみや、
そこから電気をつくるしくみを見てみよう!

ごみからガスを
つくることができるんだね!

生ごみバイオガス発電センター

(新潟県長岡市)

2013年から本格稼働した長岡市の生ごみバイオガス発電センターは、全国の自治体では最大規模の生ごみ発電施設で、1日に65トンの生ごみを処理できます。稼働開始前と比べると、市内の可燃ごみの量が2割も減りました。

この施設では、生ごみを燃やすのではなく、発酵させることによって「バイオガス」をつくっています。「バイオガス」は、発電機を通して電気になります。生ごみがエネルギーとして活用されているのです。

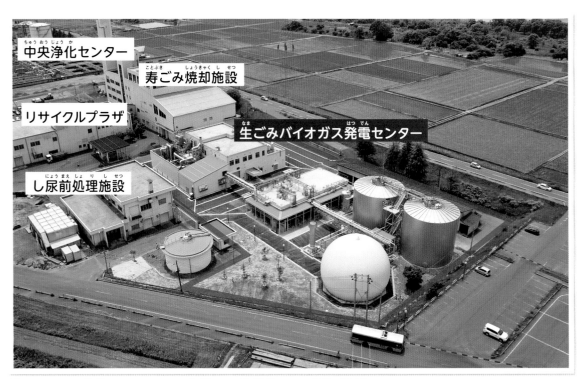

中央浄化センター
寿ごみ焼却施設
リサイクルプラザ
生ごみバイオガス発電センター
し尿前処理施設

右にある2つの円筒が、バイオガスを発生させる発酵槽。その手前の球形のガスホルダーにガスをためている。

写真:新潟県長岡市

生ごみをバイオガスにするしくみ

生ごみと、それをエサにする微生物を使って酸素のない状態で発酵（メタン発酵）させると、ガスが発生します。これがバイオガスです。バイオガスには「メタン」という燃えやすい成分がふくまれています。

生ごみから
バイオガスができて、
それを使って
発電するんだね！

バイオガスで発電するしくみ

→ 生ごみ → バイオガス → エネルギー活用

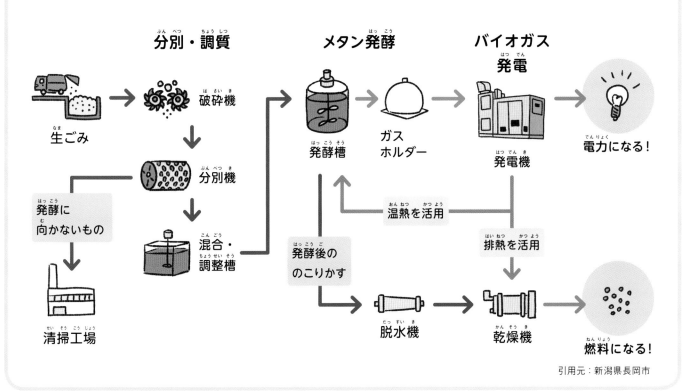

分別・調質　　　メタン発酵　　　バイオガス発電

生ごみ → 破砕機 → 分別機 → 混合・調整槽 → 発酵槽 → ガスホルダー → 発電機 → 電力になる！

発酵に向かないもの → 清掃工場

温熱を活用
排熱を活用

発酵後ののこりかす → 脱水機 → 乾燥機 → 燃料になる！

引用元：新潟県長岡市

生ごみは資源

実は生ごみは資源として活用できます。ぶたやにわとりなどの家畜のえさにしたり、発酵させて肥料にすることもできます。家庭でも、コンポスター（22ページ）を使って、生ごみを肥料にすることができます。

ごみが変身②

燃やした灰が「エコスラグ」に変身！

ごみの焼却後に出る灰を、有効活用する方法を見てみよう。
私たちの身の周りで役立っているよ。

中央電気工業株式会社（茨城県鹿嶋市）

中央電気工業の専用電気炉では、ごみの焼却処分で出た灰を高温で溶かして無害化し、エコスラグに加工しています。これは、うめ立て地の不足や、灰にふくまれる有害物質による汚染などの問題を解決する処分方法です。エコスラグは、道路のほそうや地面を平らにならす材料や、盛土材として活用されます。また、灰の中にふくまれる金属は、取り出して再利用します。

エコスラグ

可燃ごみの焼却灰を高温で溶かし、冷まして固めたもの。レンガやタイルの原料や、道路のほそう用の材料として使うことができる。

● 灰からエコスラグをつくるしくみ

「灰装入ホッパー」に入れた焼却灰に混ざっている鉄スクラップは「磁選機」で回収します。「灰乾燥キルン」という乾燥装置を通してから、「灰溶融炉」で溶かし、メタルとエコスラグをつくります。ガスは「発生ガス洗浄装置」できれいにしてから煙突を通って排出されます。

● エコスラグの活用例

中央電気工業でつくられたエコスラグは「エコラロック」という名前で登録されている。

道路のほそう用の材料として使われる。川の堤防をつくる材料としても役立つ。

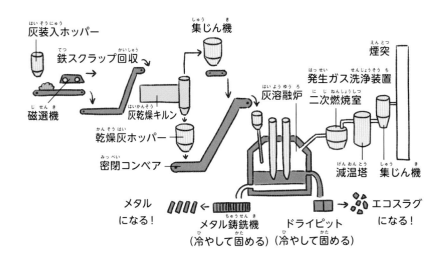

灰装入ホッパー
鉄スクラップ回収
磁選機
集じん機
煙突
発生ガス洗浄装置
二次燃焼室
灰溶融炉
灰乾燥キルン
乾燥灰ホッパー
密閉コンベア
減温塔
集じん機
メタルになる！
メタル鋳銑機（冷やして固める）
ドライピット（冷やして固める）
エコスラグになる！

グレタ・トゥーンベリさんって、どんな人?

一人ひとりの行動によって、温暖化の進む地球の未来を変えられるかもしれないよ。

グレタ・トゥーンベリさんは、スウェーデン出身の環境活動家です。8才から気候変動に関心を持ち始めたトゥーンベリさんは、2018年8月から学校ストライキを開始し、気候変動への対策の必要性をうったえるようになりました。2019年の9月には、161か国から約400万人が参加した史上最大の気候変動デモを行い、国連本部やアメリカ連邦議会、イギリス議会などで、気候変動の危機をうったえる演説を行いました。

トゥーンベリさんのメッセージ

トゥーンベリさんは、2019年の国連気候変動サミットで、地球環境に危機がせまっていることを強くうったえるために「私たちは大量絶滅の始まりにいる」と演説しました。また、彼女はよく「だれでもちがいを生み出せる」とうったえています。これは、一人ひとりが行動に移せば、気候変動を止められるというメッセージなのです。

2020年1月17日に、スイスのローザンヌでのストライキで演説するトゥーンベリさん。

写真：RvS.Media/Basile Barbey/Getty Images

●「カーボンフットプリント」を減らすためのトゥーンベリさんの行動

トゥーンベリさんは、自分が使うものや食べるものなどについても、環境への影響が少ないものを選んでいます。例えば、携帯電話は使わなくなった人からゆずってもらったものを使っています。食べものでは肉を食べません。動物を育てるときに、温室効果ガスがつくられ、資源やエネルギーをたくさん消費してしまうからです。また、移動するときには飛行機は使いません。飛行機はたくさんのエネルギーを使うので地球にあたえる負荷が大きいからです。できるだけ地球に優しい生活を送っているのです。

歩ける場所は歩いて行くほうが地球に優しいよ!

⇨ カーボンフットプリントは 1巻 を見てね

NDC 518
なぜ？から調べる ごみと環境 全5巻
③ 清掃工場
監修 森口祐一

学研プラス 2021 48P 29cm
ISBN978-4-05-501346-8 C8351

監修 森口祐一 （もりぐちゆういち）

東京大学大学院工学系研究科都市工学専攻教授。国立環境研究所理事。
専門は環境システム学・都市環境工学。京都大学工学部衛生工学科卒業、
1982年国立公害研究所総合解析部研究員。国立環境研究所社会環境シス
テム研究領域資源管理研究室長、国立環境研究所循環型社会形成推進・廃
棄物研究センター長を経て、現職。主な公職として、日本学術会議連携会員、
中央環境審議会臨時委員、日本LCA学会会長。

イラスト／山中正大
キャラクターイラスト／イケウチリリー
原稿執筆／菅原嘉子
装丁・本文デザイン／齋藤彩子
撮影協力／竹下アキコ
編集協力／株式会社スリーシーズン（吉原朋江）
校正／小西奈津子 鈴木進吾 松永もうこ
DTP／株式会社明昌堂

協力・写真提供／アフロ、和泉リサイクル環境公園、愛媛県今治市、神奈川県相
模原市役所、株式会社ノジマ、群馬県安中市、ゲッティイメージズ、こてはし温水
プール、中央電気工業株式会社、東京都環境局、東京都夢の島熱帯植物館、新
潟県長岡市、パナソニック株式会社、武蔵野クリーンセンター

なぜ？から調べる ごみと環境 全5巻

③ 清掃工場

2021年2月23日 第1刷発行

発行人 代田雪絵
編集人 代田雪絵
企画編集 澄田典子 冨山由夏
発行所 株式会社 学研プラス
〒141-8415 東京都品川区西五反田2-11-8
印刷所 凸版印刷株式会社

◎この本に関する各種お問い合わせ先

本の内容については、下記サイトのお問い合わせフォームよりお願いします。
https://gakken-plus.co.jp/contact/
在庫については ☎ 03-6431-1197（販売部）
不良品（落丁、乱丁）については ☎ 0570-000577
学研業務センター 〒354-0045 埼玉県入間郡三芳町上富279-1
上記以外のお問い合わせは Tel 0570-056-710（学研グループ総合案内）
© Gakken

学研の書籍・雑誌についての新刊情報・詳細情報は、下記をご覧ください。
学研出版サイト https://hon.gakken.jp/
学研の調べ学習お役立ちネット 図書館行こ！
https://go-toshokan.gakken.jp

特別堅牢製本図書